不开心啦

……毛就不烦了

心理邦 编

张丽君 绘

江苏凤凰文艺出版社
JIANGSU PHOENIX LITERATURE AND ART PUBLISHING

图书在版编目（CIP）数据

别不开心啦 / 心理邦编 ; 张丽君绘. -- 南京 : 江苏凤凰文艺出版社, 2022.10
ISBN 978-7-5594-7192-5

Ⅰ. ①别… Ⅱ. ①心… ②张… Ⅲ. ①心理压力 - 调节(心理学) - 通俗读物 Ⅳ. ①B842.6-49

中国版本图书馆CIP数据核字(2022)第177417号

别不开心啦

心理邦 编 张丽君 绘

责任编辑 张 倩
特约编辑 王 迎 薛纪雨
装帧设计 水玉银文化
出版发行 江苏凤凰文艺出版社
南京市中央路 165 号，邮编：210009
网 址 http://www.jswenyi.com
印 刷 唐山富达印务有限公司
开 本 787 毫米 ×1092 毫米 1/32
印 张 6.25
字 数 55 千字
版 次 2022 年 10 月第 1 版
印 次 2022 年 10 月第 1 次印刷
书 号 ISBN 978-7-5594-7192-5
定 价 48.00 元

目 录

— MU LU —

NO.3 内耗 / 031

对别人的一句话琢磨很久，害怕隔阂，纠结的内心戏不断上演，最后自我否定，习惯性压抑自己的情绪，找不到释放的出口，明明什么也没做，却依然累得不行。

NO.4 自卑 / 043

站在人群中觉得自己很不起眼，却又想要被人关注，很少说出自己的目标，怕最后做不到被别人嘲笑，永远觉得自己不如别人，想把所有事情都做好，想得到肯定和赞赏，哪怕过程很苦很累。

NO.7 神经质 / 089

特别容易产生情绪波动，情绪一旦来了很难平复，把事情往坏处想，总是做好最坏的打算，说者无意而听者有心，经常过度解读别人的一言一行，陷入负面情绪里过分担忧、过度焦虑。

NO.8 焦虑 / 105

总觉得有坏事要发生，哪怕是一些发生概率极低的事件，依然觉得会发生在自己、亲人、朋友身上，很难放松下来，神经总是紧绷着的，要么活在过去，要么活在将来，就是无法活在当下。

NO.9 抑郁 / 117

感觉自己比以往任何时候都更脆弱，因为生活中的一点点小事产生自罪感，整个世界都在享受美好生活，只有我身处灰暗之中，对任何事情都提不起兴趣，很少甚至没有情绪高涨的时候。

NO.10 缺爱 / 131

自我价值感低，特别在意他人对自己的评价，暴饮暴食，容易对自己过度补偿，拼命想要证明自己给别人看，控制欲强，一旦事情不按预期发展就很痛苦。

NO.11 迷茫 / 151

打开电脑放着歌，鼠标点来点去，就是不知道自己该做什么，逃避现实的一切，沉浸在电子游戏的虚拟世界中，没有目标和规划，对未来毫无方向感，一边不知道自己喜欢什么，想要做什么，一边又什么都想要，什么都想抓住。

NO.12 恐惧 / 171

不知道为什么，就是会莫名其妙地害怕，害怕一些特定的物体，比如尖锐的东西、带毛的小动物……进入陌生场所时，因为离开了自己熟悉的环境而心跳加快、无所适从，需要与人交往时，会因为害怕而力求避免。

我们的烦恼和痛苦都不是因为事情的本身，而是因为我们加在这些事情上的观念。

——[奥]阿尔弗雷德·阿德勒（Alfred Adler）

孤独并不是来自身边无人。感到孤独的真正原因是因为一个人无法与他人交流对其最要紧的感受。

——［瑞士］卡尔·荣格（Carl Gustav Jung）

如果我不能漂亮，我将使我聪明！一个人要想真正的成长，必须在洞悉自己并坦然接受的同时又有所追求。

——［美］卡伦·霍妮（Karen Danielsen Horney）

有没有集中的能力表现在能不能单独地待着，而这种能力又是学会爱的一个条件。正因为我们不能自力更生，所以只能把自己同另一个人连在一起，这个人也许就是我生命的拯救者，但是这种关系同爱无关。

——［美］艾瑞克·弗洛姆（Erich Fromm）

如果有人倾听你，不对你评头论足，不让你担惊受怕，也不想改变你，这多美好啊……一旦有人倾听，看起来无法解决的问题就有了解决办法，千头万绪的思路也会变得清晰起来。

——[美]卡尔·罗杰斯(Carl Ranson Rogers)

对人类最有害的误解之一就是，认为情绪和理性是对立的。

——[美]菲利普·津巴多(Philip George Zimbardo)

NO.1

冲突

过度热情同时又小心翼翼地亲近他人，下意识地与别人保持距离，用表面的强大掩饰内心的虚弱，用幻想的理想化形象取代真实的自己。

BUS 6:00
23:00

人的心理活动极其复杂，那些彷徨挣扎旁人可能无从知晓，却真实地存在于我们每个人内心。

生而为人，我们内心难免会有纠葛、冲突，甚至对立的情绪。如一方面希望掌控他人，一方面又希望得到他人发自内心的尊重；一方面顺从他人，一方面又希望他人能听从自己；一方面疏远排斥他人，一方面又希望别人重视和爱自己。

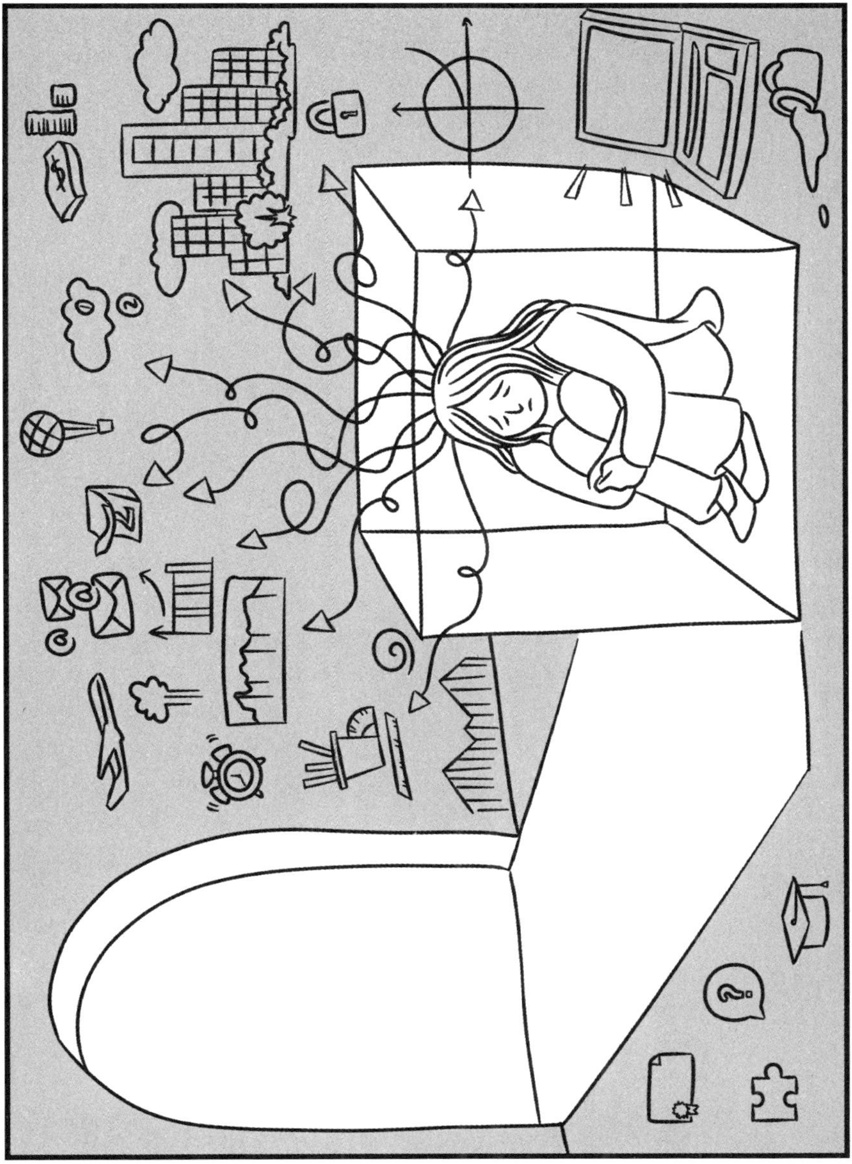

「孤单是一种基本的冲突，也是最开始面对别人时的一种矛盾态度。」

我们在被内心冲突困扰时，应学会处置内心的孤独、疯狂、迷失和热爱，收获内心的完整、成熟和安宁，重建人生自信，更加勇敢而健康地活下去。

人越是逃避直面自己内心的纠葛，越容易陷于眼前的欲望。

「虚假的冷静，植根于内心的愚钝，绝不是值得羡慕的，它只会使我们变得虚弱而不堪一击。」

No2

胡思乱想

每次想到过去做的蠢事，都觉得自己的人生完蛋了，凡事总是先想到消极的一面，每天负能量满满，一遇到大场面，就习惯性焦虑、失眠、不安，思虑过重，想太多，愁太甚，永远处在焦虑状态。

很多时候，我们容易受到恐惧或担忧情绪的牵引，仔细而失控地研究那些负面想法或感受，其间又联想到其他负面事件，像是陷入了没有尽头的循环，翻来覆去地折磨自己，越陷越深。

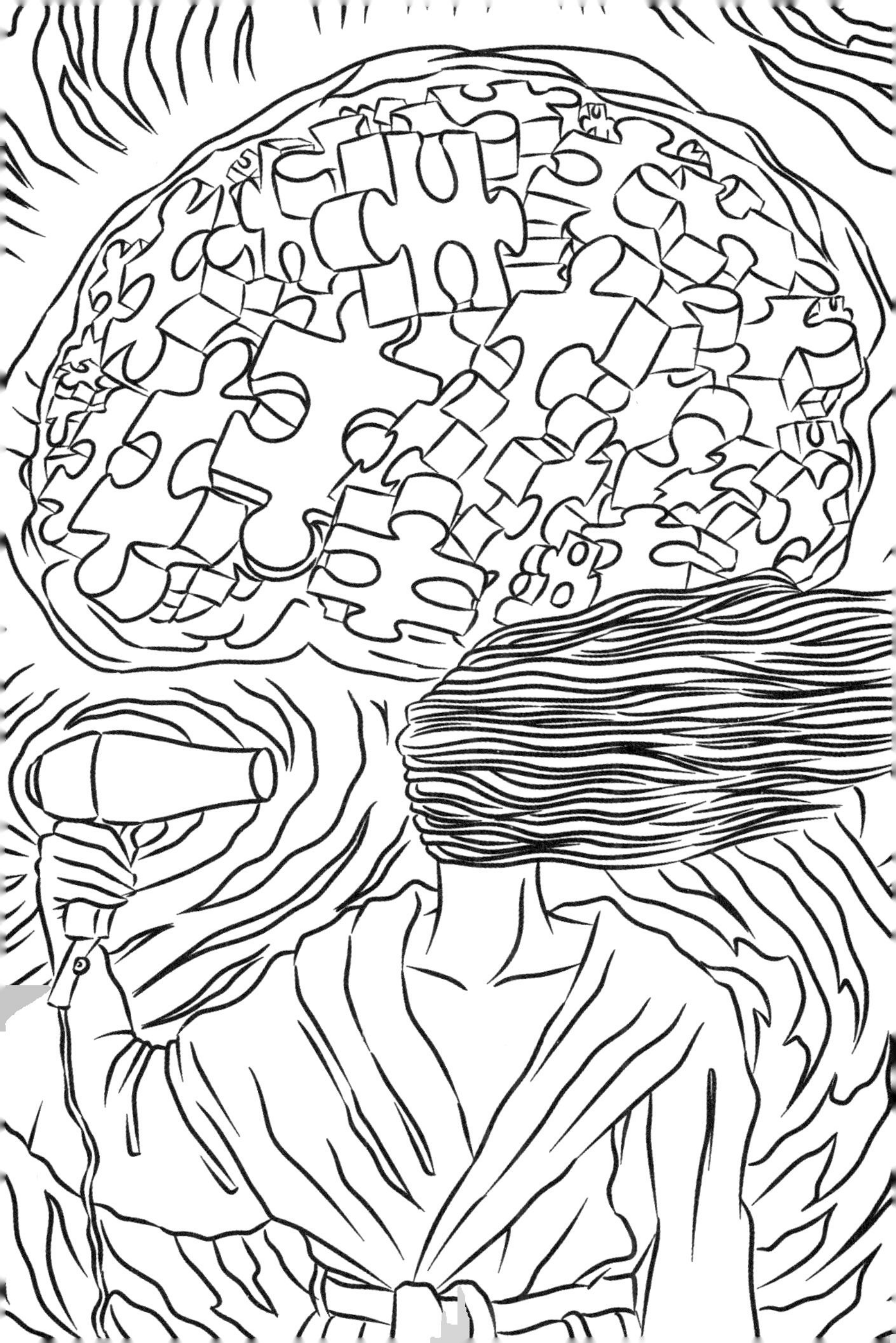

一件小事，想太多了，既伤神又费力；一件大事，想太多了，给自己增加压力。一件好事，想太多了，就不再兴奋；一件坏事，想太多了，只会越来越焦虑。

日本作家松浦弥太郎有句通透的人生格言：“所谓人生困境，不过是你胡思乱想，自我设置的枷锁。”

敏感的人，拥有更加发达的神经系统，可以感知到事物微小的差别，更容易从别人的一句话或一件事中延伸出多种意思，胡思乱想。

在你胡思乱想时，虽然你的身体没有做任何运动，但大脑仍然在高速运转，长时间下来，身体同样会感到疲惫。

真正对我们造成影响的，是我们对一些事物的胡思乱想。胡思乱想多了，往往会带来烦恼与焦虑。

在这个普遍焦虑的时代，我们应该如何安置自身的焦虑情绪，又该如何与焦虑的人相处？在这个浮躁又喧嚣的社会，我们该如何静下心来倾听内心的声音，又该如何成为一个快乐的人？

No.3

内耗

对别人的一句话琢磨很久，害怕隔阂，纠结的内心戏不断上演，最后自我否定，习惯性压抑自己的情绪，找不到释放的出口，明明什么也没做，却依然累得不行。

因为你是多面的，别人对你的评价必然也是多面的。承认自己的多面性，接受他人评论同时期、不同状态下的你，你才不会迷失在诸多的评价里，不在评价里变成单一的自己，不把人生变成一场面对观众的表演。

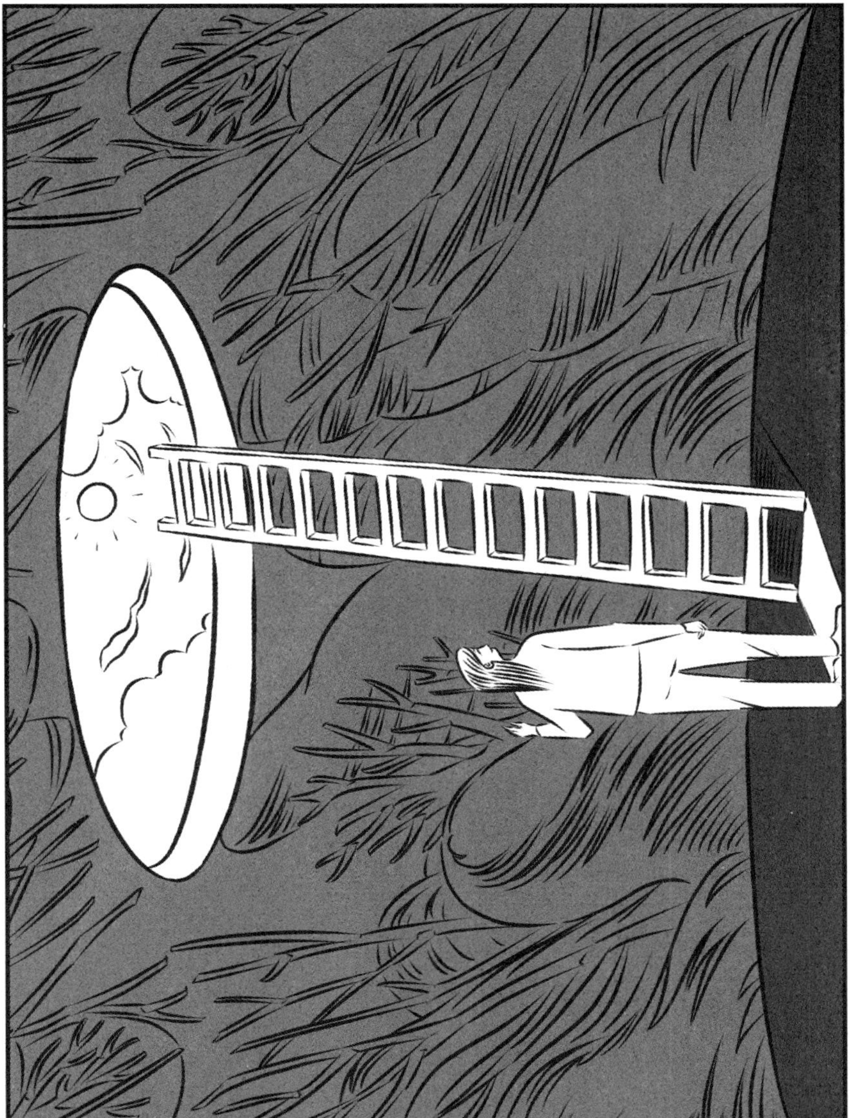

不够完美又何妨？万物皆有裂痕，那是光进来的地方。

成熟的标志：稳重乐观，减少内耗，强大自己。

人世间除了心理上的失败，实际上并不存在什么失败，只要不是心理上一败涂地，许多事都可能干成功。

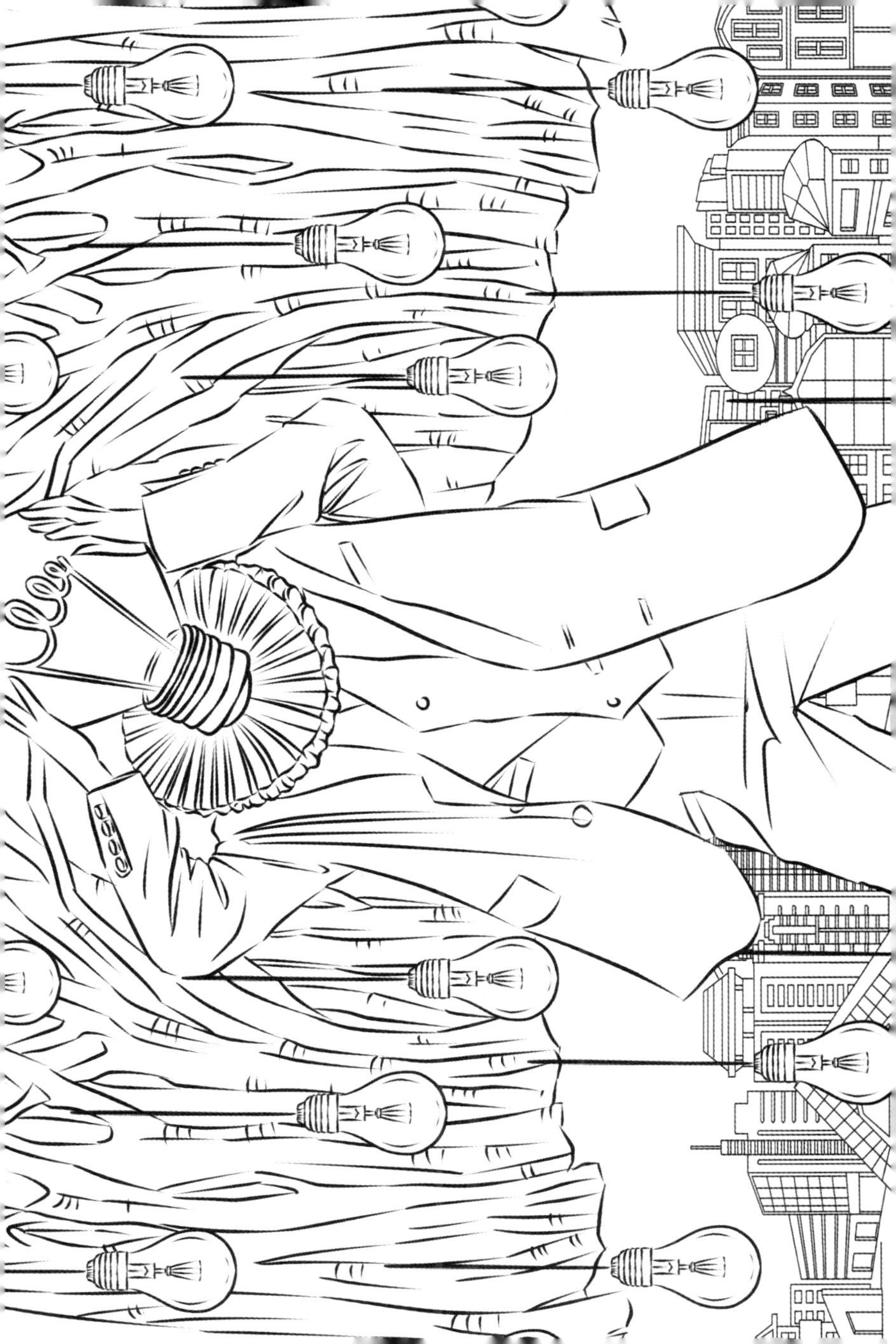

想得到别人的认可，全然不顾自己的感受，甚至不曾考虑过，这样将一颗心系在别人身上的取悦究竟耗费了多少心力。取悦，其实是一场高成本的内耗。

NO.4

自卑

站在人群中觉得自己很不起眼，却又想要被人关注，很少说出自己的目标，怕最后做不到被别人嘲笑，永远觉得自己不如别人，想把所有事情都做好，想得到肯定和赞赏，哪怕过程很苦很累。

人类的一些行为皆出自自卑及对自卑的克服和超越。了解自身潜在的阴影与缺陷，打破自卑枷锁，就能正确对待人生并超越自我。

自卑是一种情绪，并不只包含负面的含义。如果能做到承认自己的不足，并为了弥补缺陷去努力，那自卑就可以转化为一种积极的能量。

自卑有两种，一种是被冷落的自卑感，一种是被宠坏的优越感。这两种心理，核心都是一种对自己没有信心的自卑情结。

其实人人或多或少都会自卑，只是心态稍好的人更无畏一些，自卑感不那么强；而内心敏感的人，则很容易陷入自卑的深渊。

相对自卑的人会习惯于隐藏或忽略自身的需求，用“怕麻烦别人”式的“自力更生”去提高自身存在价值。可人与人之间关系的核心本就是相互理解、相互协作啊！

「放过自己吧，不擅长的东西可以尝试，但不要钻牛角尖。」

对于那些出于自卑而虚张声势的人来说，接受自身现实，是一件非常痛苦的事情。有一类自卑的人，他们对事物不满时，并不会直接表达出来，而是通过极其隐晦的方式呈现，同时又极度希望他人能察觉到并且做出改变。这类人属于“被动攻击型人格”。

No.5

自我攻击

面对别人的责怪而内疚自责，总是担心是不是自己做错了什么，难以接受自己一点点失误，在内心反复苛责自己，无法与人深度交往，害怕社交，常常用“我不够好，我不完美，我的处事方式有问题，都怪我”来评价自己。

「自我攻击令人心智迷乱，自我接纳才能带来平静。」

自我攻击就像鞋里的沙子，它让你每分钟都不舒服，让你步步艰难，但你的人生与别人无关，你该自己做主，活出你自己喜欢的样子。

要真正走出自我攻击模式，就需要接纳自己的不完美。正如心理学家欧文·亚隆（Irvin Yalom）所说：“你也许不能成为更好的自己，但可以更好地成为自己。”

一个人有很多自我攻击的行为表现，我们现在看到最多的就是作息不规律、老是熬夜。

不要刻意让自己变得消极，也不必刻意让自己变得活泼，做自己就好。

自我攻击是一种持续的自损力，一方面不断自我否定，一方面把外界的信息全部理解为对自己的否定。

No.6

孤独

不喜欢与人交往，但又害怕孤独，勉强让自己合群，但在人群中又感到格外寂寞，即使在自己家里，也无法彻底放松，很在意别人的眼光，希望被所有人接纳。

一个人处于群体中的时候，他的感情、思维和行为都与独处时迥然不同。

Lonely

孤独并非在深山里，而是在街道上。孤独不是在一个人的时候，而是在人群之中。

当有强烈的孤独感时，别勉强自己做任何事，试着暂时放下一切，毫无顾虑地沉浸于孤独感之中。

「人没有朋友固然寂寞，但如果忙得没有机会面对自己，可能会更加孤独。」

无法找到内心的平安喜乐时，一味追求外在的平安喜乐终究也只是白费力气而已。

当真正学会享受孤独之后，融入群体才不会迷失自我。即使一个人走，也阔步昂首。

20多岁时的孤独感，是命运赐予你的礼物，它让你有机会静下来审视反思。这就像命运的大手轻轻在你额头点了一下，能不能悟到什么，全在你自己。

NO.7

神经质

特别容易产生情绪波动，情绪一旦来了很难平复，把事情往坏处想，总是做好最坏的打算，说者无意而听者有心，经常过度解读别人的一言一行，陷入负面情绪里过分担忧、过度焦虑。

「大体上，随着年龄的增长，我们的神经质水平会逐渐下降，并在一定时期（大约35岁之后）趋于稳定。」

「你不好也不坏，你不过是你自己。」

「克制自我，是神经质人格蜕变的制胜法宝。」

你要允许自己沮丧和焦虑，告诉自己：这就是我此刻的情绪，没关系，它会过去。

神经质人格是一种搅拌着痛苦的天赋，可能让人走向创造，也可能让人走向深渊。

神经质人格虽然有偏执的特点，却也正是这种偏执，让他们竭尽所能地去完成一件事，所以更容易成功。

神经质人格的人太容易受情绪影响，以至于经常不得不花大量的时间处理自己的情绪，更容易因为小事而过度分神。

No.8

焦虑

总觉得有坏事要发生，哪怕是一些发生概率极低的事件，依然觉得会发生在自己、亲人、朋友身上，很难放松下来，神经总是紧绷着的，要么活在过去，要么活在将来，就是无法活在当下。

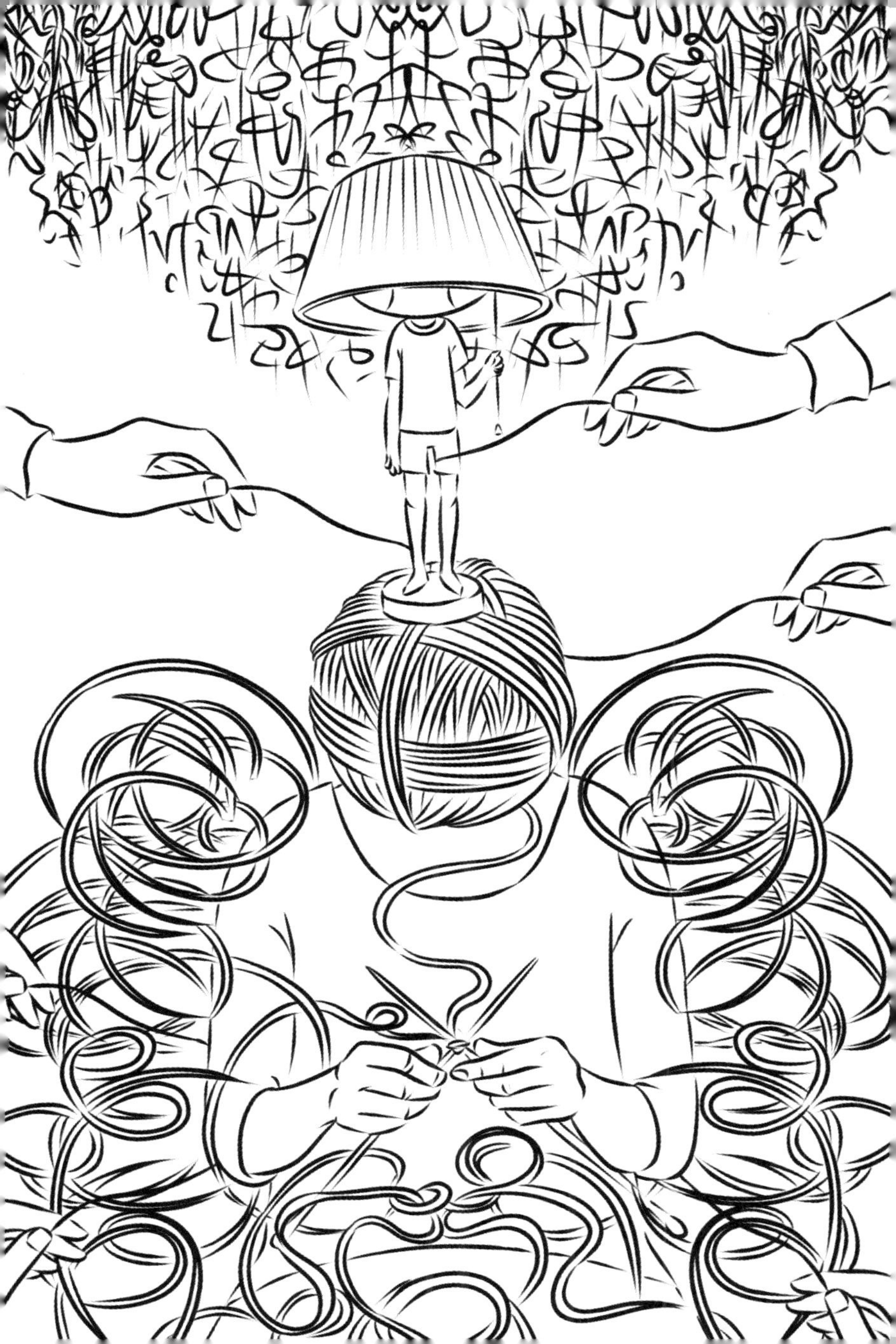

焦虑就像一场重感冒，很容易扩散和传播。

过于紧张、焦虑会使体内产生大量的热量，而原地走路、小跑、摇摆、踢腿等活动可以释放这些热量，缓解压力。

「你所谓的焦虑，不过是对未来的恐惧。」

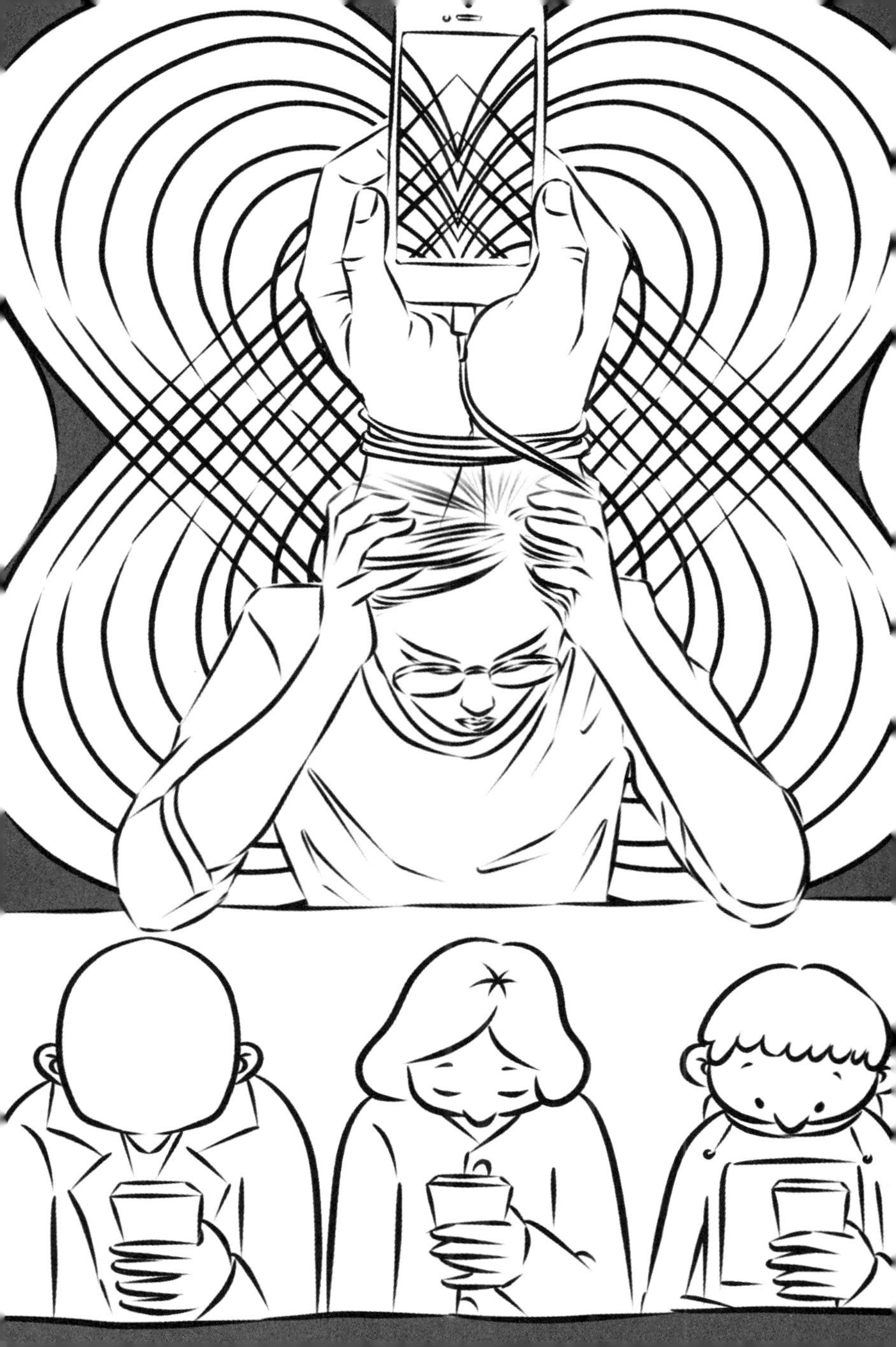

“手机焦虑症”，多见于内向、孤僻、缺乏自信的人，一旦手机不在身边，就很容易出现焦虑情绪。

焦虑，有时源于我们高估了坏事的威胁，有时源于我们低估了自己的能力。

No.9

抑郁

感觉自己比以往任何时候都更脆弱，因为生活中的一点点小事产生自罪感，整个世界都在享受美好生活，只有我身处灰暗之中，对任何事情都提不起兴趣，很少甚至没有情绪高涨的时候。

人们经历的痛苦和它带来的意义，其实是有时差的，有时需要耐心地等一等，答案才能慢慢显现。

被伤害并不是你的错，不必为抑郁症而自罪自责，你才是那个最需要被照顾的小朋友啊！

治疗抑郁症最直接的方法是使用药物，而治愈抑郁症最好的药物是爱。

抑郁症的发生，就好比一些事情在给扳机施加压力，扳机被慢慢扣动，而不同扳机的承受力度，决定了这颗子弹到底会不会出膛。

情绪，尤其是痛苦的情绪，是促使你做出重大改变、保持生活平衡的动力，而抑郁症患者却常常容易掉入回避痛苦情绪的“陷阱”。

那些经历过负性状态并把这段经历用正向态度来解读的人，会像涅槃重生一样，拥有不一般的内在。

No10

缺爱

自我价值感低，特别在意他人对自己的评价，暴饮暴食，容易对自己过度补偿，拼命想要证明自己给别人看，控制欲强，一旦事情不按预期发展就很痛苦。

在生物学中，人们常用“性欲”（Geschlecht-striebs）一词来形容人和动物所真实存在的生理需求。这一说法其实是将性冲动与食欲进行了类比。饥饿感会引发食欲，但我们的日常用语中没有相应的词语可以形容生理上的饥饿感；在学术界，类似的性饥渴被称为“力比多”（Libido）或“原欲”。

人际关系就像证券投资，如果我们不投入、不去爱，便不可能赢；如果投入了，倾注了感情，也有可能输。

「爱在本质上是希望被爱。」

缺乏安全感，很可能是因为我们在孩提时代没有被足够重视和保护，留在心里的感受是我们表现得不够好，并且担心其他人可能会消极地评价我们。

我们对于自己是谁和想从这个世上得到什么感受，都受到已处理和未处理的记忆的影响。这些记忆是我们有意识回应和无意识回应的基础。

遭到忽视的痛苦可能会让你变得残忍、爱挑剔和喜欢骂人，不仅是对你自己，也可能是对其他人。

一个人渴望很多关系，是因为他渴望很多爱，想通过每个人爱他一点点，来满足自己对爱的需求。因此，一个人特别在意别人的看法，实际上是因为缺爱。

「习惯取悦别人的人，都是缺爱的人。」

想要自我救赎，你要先给自己一个积极的心理暗示：缺爱是一种缺失，但不是一种缺陷。

NO11

迷茫

打开电脑放着歌，鼠标点来点去，就是不知道自己该做什么，逃避现实的一切，沉浸在电子游戏的虚拟世界中，没有目标和规划，对未来毫无方向感，一边不知道自己喜欢什么，想要做什么，一边又什么都想要，什么都想抓住。

茫然不知所措，行之有效的办法就是停下脑中的臆想，转而行动，停下对未来、对未知的恐惧和担忧，迈出第一步，让自己沉浸到具体的事情中。多做一点，焦虑就少一点，迷茫就少一点。

当我们跟原来的关系、原先的身份、原来的目标脱离时，我们也暂时失去了产生意义感的土壤。迷茫由此滋生。

迷茫的时候，自我沉溺很危险。想着想着就想歪了，被自己的各种想法绕进去了，这事儿经常发生。脑海里波涛汹涌，现实中空空如也。

「从懵懂，到焦虑，从热血，到迷茫。从天真，到懂得，从接纳，到希望。谁的人生不迷茫，其实我们都一样。」

把自己封闭起来想七想八，对找寻真实的自我毫无帮助，只会让自我迷失。自我只在“外界”“他人”面前才有意义。就像山本耀司说的，“自己” 这个东西是看不见的，撞上一些别的什么，反弹回来，才会了解“自己”。所以，跟很强的东西、可怕的东西、水准很高的东西相碰撞，然后才知道“自己”是什么，这才是自我。

人生迷茫期，看起来什么都没有发生甚至有些颓废，却尤为重要。在这段时间，旧的意义在被慢慢清理掉，那些新的意义正慢慢长出来。就像萧索的冬天在积蓄春天的力量，迷茫期也在积蓄重生的力量。

迷茫，是对不确定性因素的不确定反应。这种双重不确定，便加剧了我们日常思维模式的摇摆。

迷茫没什么大不了，失败也没什么大不了，你只需要成功一次。

「别拿迷茫当借口，
也许你就是缺乏执行力！」

NO12

恐惧

不知道为什么，就是会莫名其妙地害怕，害怕一些特定的物体，比如尖锐的东西、带毛的小动物……进入陌生场所时，因为离开了自己熟悉的环境而心跳加快、无所适从，需要与人交往时，会因为害怕而力求避免。

每种古怪行为的背后，都有一个正在受苦的自己。

恐惧是一个人面对必须面临的危险时做出的一种恰当反应，而焦虑则是面对危险做出的不恰当的反应，甚至是对想象中的危险做出的反应。

社交恐惧症是一种常见的焦虑症，如担心在众目睽睽下出丑或遭到羞辱。有时，社交恐惧症并不易分辨，当你感觉自己在集体中成为焦点并受到评价时，就会产生一种恐惧感。当你恐惧的场合过多时（如发起对话、加入小团体、跟权威人士交谈、约会、参加聚会之类的活动），这种情况被称为广泛性社交恐惧症。

克服恐惧症最有效的办法就是直接面对它。那些逃避恐惧场景的做法，表面上可以使你免于惊恐，但其实是在加重你的恐惧症。

不要因为恐惧而犹豫，前进有时候是消除恐惧的最好方法。

人大部分的恐惧都来自无限的拖延，拖延的时间越长，恐惧也就会越深重。

谁不经常克服自己的恐惧心理，谁就领悟不到生活的真谛。

所有的不开心就到此为止吧，明天依旧光芒万丈！

（这句话只对开心的人可见）